BEI GRIN MACHT SICH IHR WISSEN BEZAHLT

- Wir veröffentlichen Ihre Hausarbeit,
  Bachelor- und Masterarbeit

- Ihr eigenes eBook und Buch -
  weltweit in allen wichtigen Shops

- Verdienen Sie an jedem Verkauf

Jetzt bei www.GRIN.com hochladen
und kostenlos publizieren

Annemarie Gawlik

Ressourcenanalyse. Versalzung von Böden

GRIN Verlag

Bibliografische Information der Deutschen Nationalbibliothek:

Die Deutsche Bibliothek verzeichnet diese Publikation in der Deutschen National-
bibliografie; detaillierte bibliografische Daten sind im Internet über http://dnb.d-
nb.de/ abrufbar.

Impressum:

Copyright © 2009 GRIN Verlag GmbH
Druck und Bindung: Books on Demand GmbH, Norderstedt Germany
ISBN: 978-3-656-60892-9

Dieses Buch bei GRIN:

http://www.grin.com/de/e-book/269740/ressourcenanalyse-versalzung-von-boeden

Versalzung von Böden

Einleitung:

Die Versalzung von Böden ist heutzutage in mehreren Gebieten der Erde zu einem großen Problem geworden. So sind in den Vereinigten Staaten beispielsweise schon 20-25% der Anbaufläche durch Versalzung verloren gegangen. In Ägypten sind es 30-40%, in Pakistan ca. 40% und im Irak sogar schon 50%. Um in Zukunft die Ernährung der Bevölkerung sichern zu können, ist es deshalb wichtig sich mit den Ursachen, den Prozessen und den Maßnahmen gegen die Versalzung von Böden auseinander zu setzen.

Ursachen für die Versalzung von Böden:

Es gibt verschiedene Ursachen für die Versalzung von Böden. So können zum Beispiel Niederschläge eine Versalzung verursachen. Dies geschieht allerdings nur in ariden Gebieten. Hierbei werden die mit dem Niederschlag transportierten Salze dem Boden zugeführt und bei der Verdunstung des Wassers im Verdunstungsbereich des Bodens gefällt (Scheffer & Schachtschabel, 1998). Die Salze sind zumeist vom Meer her transportiert worden, aus diesem Grund ist auch der Wind vom Meer eine Ursache für Versalzung. Ebenfalls können Böden die im Einflussbereich des Meeres liegen durch Überflutungen versalzen (Scheffer & Schachtschabel, 1998). Weitere Ursachen für die Versalzung von Böden können salzhaltige Ausgangsmaterialien im Boden sein und eine starke Oberflächenverdunstung bei hohem Grundwasserspiegel (Klik, 2009). Alle bisher genannten Ursachen sind natürlichen Ursprungs. Böden können aber auch durch anthropogenen Einfluss versalzen. Ursachen können hierbei die Bewässerung sein und das streuen von Streusalz im Winter. Die Ursachen führen zu verschiedenen Prozessen, die die Versalzung hervorrufen (Scheffer & Schachtschabel, 1998). Im Folgenden werden diese genauer erläutert.

Natürliche Versalzung von Böden:

Wie schon bei den Ursachen erwähnt können Böden durch natürliche Ursachen oder durch anthropogene Ursachen versalzen. Hier werden zunächst die Prozesse der natürlichen Versalzung von Böden erläutert. Man unterscheidet hierbei die Tagwasserversalzung und die Grundwasserversalzung. Bei der Tagwasserversalzung wird das Salz über die Niederschläge zugeführt. Die Niederschläge transportieren das Salz aus der Atmosphäre, welches zumeist vom Meer stammt und bringen es in die Böden ein. In Wüsten kann es auch mit dem Staub transportiert werden (Scheffer & Schachtschabel, 1998). In humiden Gebieten wird das Salz dann auf Grund der vielen Niederschläge rasch ausgewaschen und reichert sich nicht an. In ariden Gebieten allerdings wird auf Grund der hohen Verdunstungsraten das Salz angereichert. Die gelösten Salze werden im Verdunstungsbereich des Bodens ausgefällt und bleiben somit im Boden zurück, während das Wasser verdunstet (Scheffer & Schachtschabel, 1998). In wie weit sich das Salz anreichert hängt zum einen von der Nähe zum Meer ab, da die Salze vom Meer transportiert werden, außerdem von der Niederschlagsmenge, da diese ausschlaggebend für Auswaschung ist. Außerdem von der Dauer arider Verhältnisse, da diese ausschlaggebend für die Verdunstung und somit die Ausfällung der Salze ist und auch von der Wasserdurchlässigkeit des Bodens. So ist es zum Beispiel so, dass ein sehr durchlässiger Sandboden oft sehr salzarm ist (Scheffer & Schachtschabel, 1998).

Bei der Grundwasserversalzung ist es so, dass bei hohem Grundwasserstand und ariden Verhältnissen das Grundwasser in den Kapillaren aufsteigt und mit dem Kapillarwasser die Salze in den Verdunstungsbereich des Bodens transportiert werden. Hier werden die Salze dann ausgefällt, das Wasser verdunstet und das Salz wird angereichert. Dieser Prozess findet im Binnenland allerdings nur in ariden Gebieten mit hoher Verdunstungsrate statt. Hier kann es sogar dazu kommen, dass das Grundwasser die Bodenoberfläche erreicht und so sichtbare Salzkrusten entstehen. Da die Salze allerdings mit jedem Niederschlag wieder in Lösung übergehen, pendeln diese im Jahresverlauf unter Umständen zwischen dem Ober- und Unterboden (Scheffer & Schachtschabel, 1998). In humiden Gebieten sind Salzböden im Binnenland eher selten, da sie hier an oberflächennahes salzhaltiges Grundwasser gebunden sind, welches es beispielsweise im Bereich von salzhaltigen Quellen gibt, die nicht so häufig sind. Aus diesem Grund entstehen salzhaltige Böden im humiden Bereich eher nur im Einflussbereich des Meeres. Dies findet man auch an den subtropischen und tropischen Meerküsten, wie zum Beispiel an der Schwarzmeerküste (Scheffer & Schachtschabel, 1998). Diese zwei Prozesse der natürlichen Versalzung können auch anthropogen hervorgerufen werden, wie im Folgenden genauer erläutert wird.

Anthropogen beeinflusste Versalzung:

Wie bei den Ursachen für Versalzung von Böden schon genannt können in humiden Gebieten beispielsweise Natriumreiche Abwässer oder das streuen von Streusalz im Winter zu einer Versalzung von Böden führen. Das Salz wird von den Autos an den Straßenrand gefahren und dringt hier in die Böden ein (Scheffer & Schachtschabel, 1998).

Eine weitere Ursache für die anthropogene Versalzung von Böden ist die Bewässerung von Flächen in ariden Gebieten. Hier findet zunächst eine Anreicherung der Salze über die Verdunstung statt, wie bei der Tagwasserversalzung schon genauer erläutert und zusätzlich findet noch eine Grundwasserversalzung statt, da der Grundwasserspiegel auf Grund der Bewässerung steigt und somit Kapillarwasser aufsteigt. Die Bewässerung bedingt also zwei

Prozesse, die zur Versalzung der Böden führt und das hat sich in ariden und semiariden Gebieten inzwischen zu einem großen Problem entwickelt. Die Böden sind dort teilweise durch Versalzung völlig unproduktiv geworden (Scheffer & Schachtschabel, 1998). Eine Möglichkeit dem entgegenzusteuern ist die Bewässerung bei gleichzeitiger Entwässerung (Fiedler, 2001).

Folgen:

Boden	elektrische Leitfähigkeit des Sättigungsextraktes (mS/cm bei 25 °C)	Austauschbarer Natriumanteil (mval/100 g Boden)
Neutralsalzboden (saline)	> 4	< 15
Alkaliboden (alkali)	< 4	> 15
Salzalkaliboden (saline alkali)	> 4	> 15

Abbildung 1: Salzböden in Abhängigkeit von elektrischer Leitfähigkeit des Sättigungsextraktes und austauschbarem Natriumanteil. (Klik, 2009)

Bei der Versalzung von Böden können verschiedene Böden mit spezifischen Eigenschaften entstehen. Dies ist abhängig von der elektrischen Leitfähigkeit des Sättigungsextraktes und dem austauschbaren Natriumanteil (Fiedler, 2001). Es kann ein Neutralsalzboden, ein Alkaliboden oder ein Salzalkaliboden entstehen. Der Neutralsalzboden ist durch einen hohen Grundwasserstand gekennzeichnet. Dieser Boden hat allerdings keine Probleme mit Natrium. Der Alkaliboden hat eine Natriumsättigung der Kationenaustauscher die höher ist als 15%. Diese Böden zeigen einen Anstieg des pH-Wertes und weisen eine dichte Struktur und somit eine gehemmte Infiltration auf (Klik, 2009). Bei Befeuchtung können sie sich zu einem Sumpf mit sehr schlechter Bodenstruktur und stark alkalischer Reaktion entwickeln. Die Salzalkaliböden sind ebenfalls durch einen hohen Natriumgehalt ausgezeichnet. Bei diesen Böden besteht die Gefahr des Strukturverfalls. Diese veränderten Eigenschaften der Böden beeinflussen sowohl die Vegetation als auch die Bodenfauna. So erhöht sich beispielsweise durch den Anstieg des pH-Wertes auch das osmotische Potential und erschwert somit die Wasseraufnahme für die Pflanzen. Dies wiederum hemmt das Pflanzenwachstum und senkt die Aufnahme mancher Mikronährstoffe (Fiedler, 2001). Bestimmte Elemente wie zum Beispiel Bor können sogar direkt toxisch wirken. Durch die Veränderung der Böden kommt es zu Pflanzenschäden, wie zum Beispiel Blattnekrosen, bis hin zum absterben der Pflanzen. Die Reaktion der Pflanzen auf den Anstieg des Salzgehaltes ist allerdings unterschiedlich. Bei salztoleranten Arten kommt es erst langsam zu Ertragseinbußen, bei anderen Arten hingegen kommt es rasch zu Ertragseinbußen, wie zum Beispiel bei Orangen (Scheffer & Schachtschabel, 1998).

Bei der Bodenfauna kommt es zu einer Änderung der Zusammensetzung. Hier verschiebt sich die Artenzusammensetzung zugunsten der salztoleranten Arten. Neben der Zusammensetzung ändert sich aber auch die Enzymaktivität. Diese wird deutlich verringert und je höher die Salzkonzentration im Boden wird umso geringer wird die Enzymaktivität (Feddersen, 2006).

Feststellung des Versalzungsgrades

Die Salzkonzentration kann über die Messung der elektrischen Leitfähigkeit ermittelt werden. Die jeweilige Konzentration wird nach ihrem Einfluss auf den Ertrag bewertet.

Elektr. Leitfähigkeit mS/cm	Pflanzenreaktion
0 – 2	Auswirkung auf Ertrag vernachlässigbar
2 – 4	Ertrag empfindlicher Kulturen vermindert
4 – 8	verminderter Ertrag bei vielen Kulturpflanzen
8 – 16	zufriedenstellender Ertrag nur bei salztoleranten Pflanzen
> 16	zufriedenstellender Ertrag nur bei sehr salztoleranten Pflanzen

Abbildung 2: Bewertung der Salzkonzentration im Boden nach Withers, Vipond, Lecher 1978. (Klink, 2009)

Melioration von Salzböden

Um die versalzten Böden trotzdem wirtschaftlich nutzen zu können wird am häufigsten die Methode „**Leaching**" eingesetzt. Hierbei wird die Salzkonzentration der Bodenlösung durch ausspülen des Salzes reduziert. Praktisch wird dies mit großflächige Bewässern und Ableiten des Wassers über Drainagen umgesetzt. Dieses „Spülen" muss meist mehrfach vorgenommen werden und hat deshalb einen sehr hohen Wasserverbrauch.

Das sog. „leaching requirement" (LR) gibt an, wieviel Wasser im Boden versickern muss, damit gerade keine Salzanreicherung stattfindet. Es wird bestimmt, indem man gerade so viel bewässert, bis die EC unter einen bestimmten kritischen Grenzwert (ECC) gesunken ist.

$$LR = \frac{EC_w}{((5 \cdot EC_c) - EC_w)}$$

LR: leaching requirement
EC_c: kritischer LF-Grenzwert (Feldfrucht-spezifisch)
EC_w: LF des verfügbaren Bewässerungswassers

(Caspari 2007)

Alternative Lösungsansätze

Einsatz von Gips (CaSO4): Die Düngung mit Gips führt zu einer Verdrängung von Na-Salzen und der Absenkung des pH-Wertes.

Salztolerante Pflanzen: Bei der Wahl der Anbaupflanzen werden salztolerante Pflanzen bevorzugt.

Mulchen: Das Ausbringen von Mulch auf der Bodenoberfläche reduziert die Evaporation.

Bewässerungsmanagement: Für eine Nachhaltige Bewässerung sind von Experten erstellte Modelle notwendig, die über ausreichend große Zeiträume und in einer hinreichend großen räumlichen Diskretisierung die Wechselwirkung möglichst aller relevanten Faktoren und Prozesse berücksichtigen.

Geohumus: Mit Geohumus kann der Boden viermal mehr Wasser speichern als normal. Dadurch sinkt der Wasserbedarf in der Landwirtschaft um rund 50 Prozent und das wäre in den von Natur aus wasserarmen Regionen der Erde natürlich ein großer Vorteil.

Fazit

Es gibt zwar Möglichkeiten zur Regenerierung versalzter Böden wie z.b. die Entfernung der obersten, stark mit Salz angereicherten Bodenschicht, eine Absenkung des Grundwasserspiegels oder die Auswaschung der Salze aus dem Boden durch diverse Entwässerungsmaßnahmen. Allerdings sind diese Maßnahmen oft aus Kostengründen großflächig nicht umsetzbar und bringen vielerlei andere Probleme mit sich.

Abbildungsverzeichnis:

Abbildung 2: Salzböden in Abhängigkeit von elektrischer Leitfähigkeit des Sättigungsextraktes und austauschbarem Natriumanteil. (Klink, 2009)

Abbildung 2: Bewertung der Salzkonzentration im Boden nach Withers, Vipond,Lecher 1978. (Klink, 2009)

Literaturverzeichnis:

CASPARI, T. (2007):http://www.bodenkunde.uni-freiburg.de/lehre/skripte/versalzung (am 23.12.2009)

FEDDERSEN,B. (2006): Problemfeld Salinität. Fachabteilung für Hydrologie und Wasserwirtschaft. Christian-Albrechts-Universität Kiel. http://www.hydrology.uni-kiel.de/lehre/seminar/ws05-06/feddersen_salinitaet.pdf

FIEDLER, H. J. (2001): Böden und Bodenfunktionen. In Ökosystemen, Landschaften und Ballungsgebieten, Band 7. Expert - Verlag

KLIK, A. (2009): Bewässerung und Versalzung von Böden. Universität für Bodenkultur Wien (BOKU) Department für Wasser-Atmosphäre-Umwelt.

ORF ON SCIENCE: http://sciencev1.orf.at/science/news/147791 (am 01.12.09)

SCHEFFER F., SCHACHTSCHABEL P. (1998): Lehrbuch der Bodenkunde: Spektrum Akademischer Verlag.

WITHERS B., VIPOND S., LECHER K. (1978): Bewässerung. Parey, Berlin und Hamburg.